U0334336

典藏新中式

中式酒店

中国林业出版社
China Forestry Publishing House

目录

Contents

周庄花间堂精品酒店

Hua Jian Tong Hotel, Zhou Zhuang

设计单位：Dariel Studio　设计师：Thomas Dariel

项目地点：周庄

项目面积：2500 平方米

花间堂季香院酒店位于江南水乡——周庄，这个精品酒店项目是由三幢明清风格的老建筑改造而成。

为了契合周庄这一古镇的历史感及中国文化元素，设计师将这个精品酒店的设计主题设定为“穿越季节的感官之旅”，其灵感来自于中国传统的二十四节气。首先，在酒店各房间的布局上，根据日照的上升降落的分布规律，至南向北将春夏秋冬依次在各排房间进行演绎。从浅浅的大地色，到跳跃的橘色，过渡到深沉的紫色，演绎了四季的不同个性。其次，设计师选取了几个重要的节气进行分别表现，使整个酒店的空间立体分布具有季节性的标志。

“水中的墨滴”摄影作品表现出一种结合中国传统水墨书法以及当代诗歌的感觉。各种中式装饰以及西式装饰的互相混搭营造出现代与古典的别样完美的结合。

除了保留和恢复其中式的特点，来自法国喜爱将中法文化结合在一起的设计师也将中西融合在这个室内设计中表现得淋漓尽致。代表惊蛰节气的阅读室里，配以一个西式壁炉和小型钢琴，不但在中式的氛围中更添一份温暖，更让人有种置身于法国文艺复兴时期的感觉，如此取长补短的结合真是恰到好处。中西餐厅的强烈色彩对比，巨大的悬式吊灯，以及那引人注目的法式花饰瓷砖砌成的吧台让人在一片传统中找到新鲜亮眼之处。 更特别的是，装点墙面的各种画像也充分向中国丰富的手工艺品致敬。

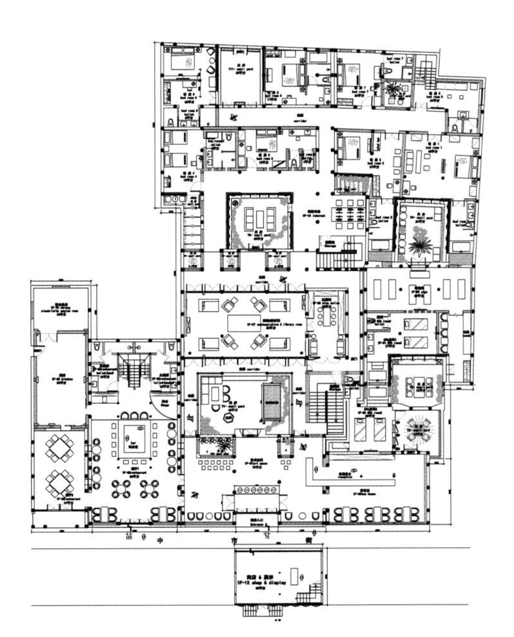

一层平面布置图

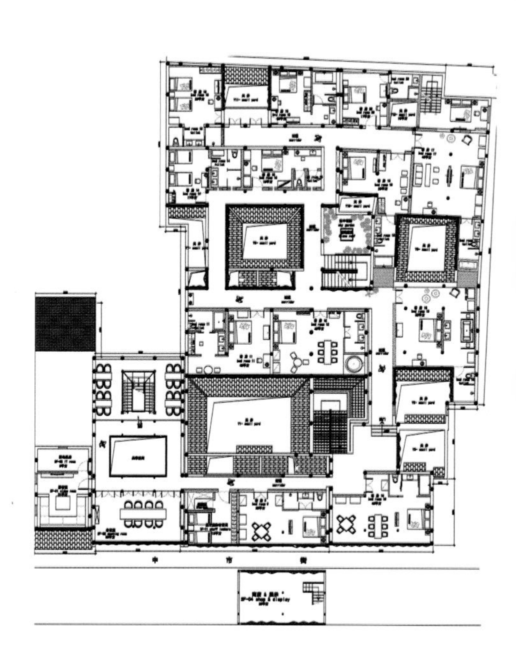

二层平面布置图

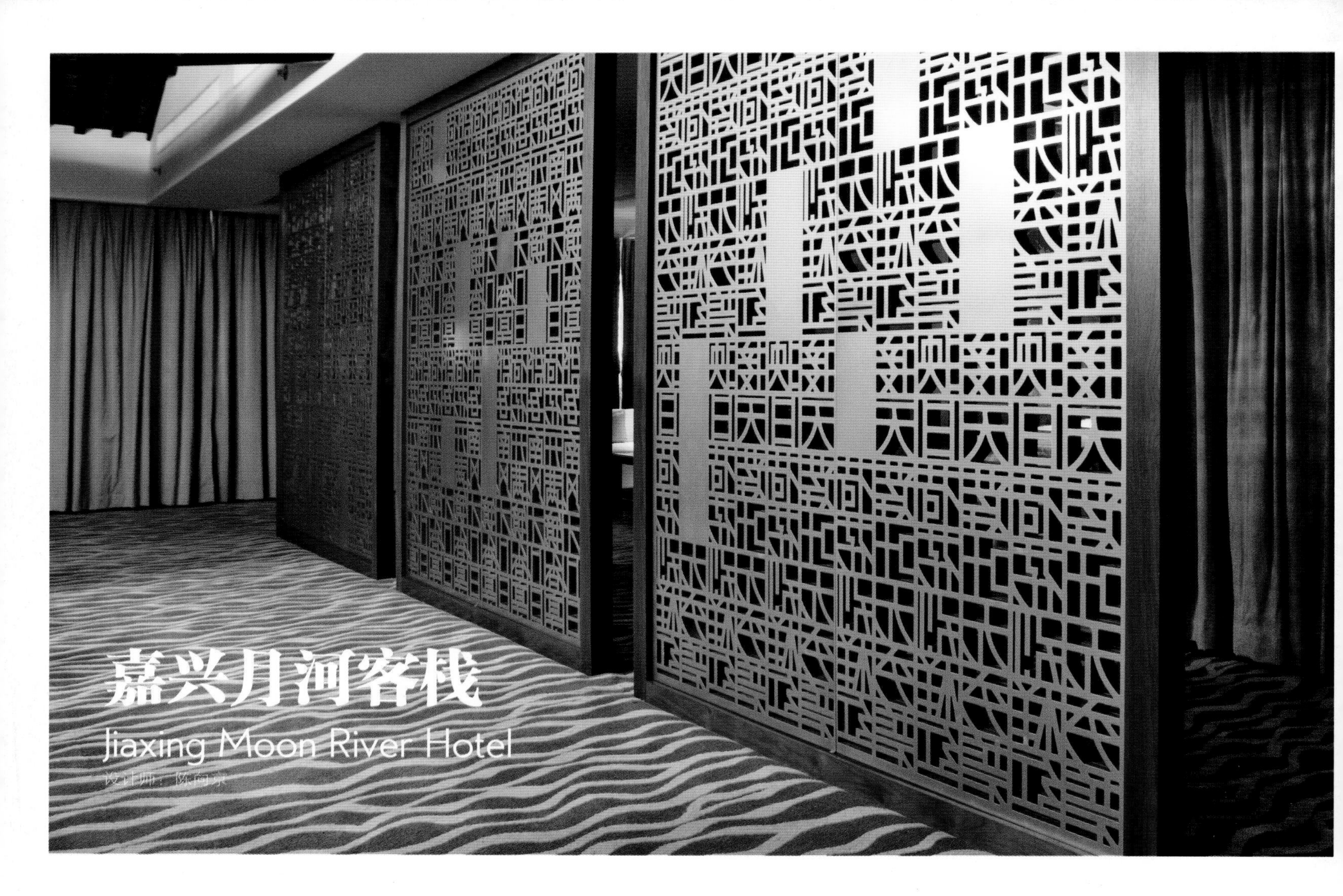

嘉兴月河客栈

Jiaxing Moon River Hotel

设计师：陈向京

项目地点：浙江嘉兴市

项目面积：27924 平方米

“繁庶市镇、文风鼎盛、滨海泽国、嘉禾飘香”是嘉兴月河客栈整体空间设计的主线。营造一片“繁庶景象”的空间氛围是陈设设计的构想目标。矗立于景观各个关键要道的钢板雕塑，是以嘉兴民俗作背景，提取民间的剪纸、皮影元素，结合民间生机勃勃的喜庆故事，加以抽象、夸张的造型形态，用现代的手法来体现的。

迎合大堂“雕琢砌刻、繁庶市镇”这一主题进行创作，以嘉兴民俗作背景，提取民间的剪纸元素，将动植物以及带有喜庆色彩的汉字重构在同一画面当中，体现一片生机勃勃的繁华景象。矗立于西餐厅入口的钢板雕塑，造型提取于传统的民间图纹及民间剪纸，将大自然中水、陆、空各个领域的动植物丰富其间，用艺术的手法处理及升华，简练考究的造型与重构的艺术美感相融。其间的一件件事物，比喻成为唱着生命赞歌的歌者。

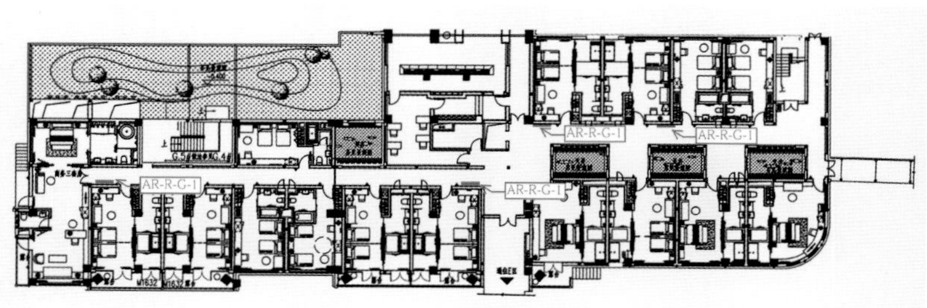

平面布置图

安全出口

“龙”“凤”自古以来都是华夏民族儿女的崇拜神灵，有着象征吉祥、如意的美好寓意。在此背景的烘托下，将这一对神兽与祥云、卷草纹结合起来，画面生动、层次丰富的构成给人感官上的冲击及震撼，与柱体底端平面化的图纹造型形成层次的对比、又体现形式的统一。用原始的铸铜手法处理来权衡这一大气蓬勃的铜雕佳作，令整个大堂凭生一种无与伦比的艺术之美。以传统的民间图纹及民间剪纸作为设计创作的灵感来源，将民俗中喜庆、美好的事物巧妙的融合其中，取其形喻新意，用镂空、组合的展示形式，愉悦人们的眼球，达到另一种精神层面上的享受。

鸿洲埃德瑞皇家园林酒店

Eadry Royal Garden Hotel

设计师：刘红蕾

项目地点：海南海口市

项目面积：58855 平方米

项目位于海口市美兰区灵山小镇海大道西侧，临近美兰机场，交通便捷，自然环境优越。海口鸿洲埃德瑞皇家园林酒店定位为五星级休闲度假酒店。

整体布局采用中式王府大院，总平面采用严谨的中轴线对称式布局，以中式园林为主导，强调建筑的中轴线以及群落感，突出传统意境在空间院落上的存在。利用院落来划分建筑空间，参照中式王府大院不同院落私密性，赋予院落不同的气质。通过对传统宫殿建筑的研究和提炼，将符合现代审美的建筑形象和古典中式建筑相结合，创造出别具一格的新中式建筑风格。

“贵精不贵丽，贵新奇大雅，不贵纤巧烂漫”，设计通过现代手法诠释中国传统皇室的经典品质，以内敛沉稳的古典空间为出发点，设计沿袭金色、深红色、玫瑰红、中国红等传统色彩，在形成强大的视觉冲击力之余不乏中式的风范与传统文化的审美意蕴。将雕刻、刺绣、书法等中国特有元素经过解构后融入氛围的营造，将木、石、玉、铜等材质通过经过细腻的文化语言构造出恍若重回历史的体验意境。木与大理石和谐搭配，营造出自然涌动的空间气场，用现代语汇体现了凝练唯美的中国古典情韵。同时借助灯光的渲染、窗外景观的引入等表达了对清雅含蓄、端庄丰华的东方式诗意之美。

本项目为改扩建项目，原有建筑为仿古建筑风格，设计有客房，餐饮，娱乐，员工后勤服务区等功能，新建筑采用现代古建筑风格，扩建部分设有会议，客房，入口接待厅等功能。

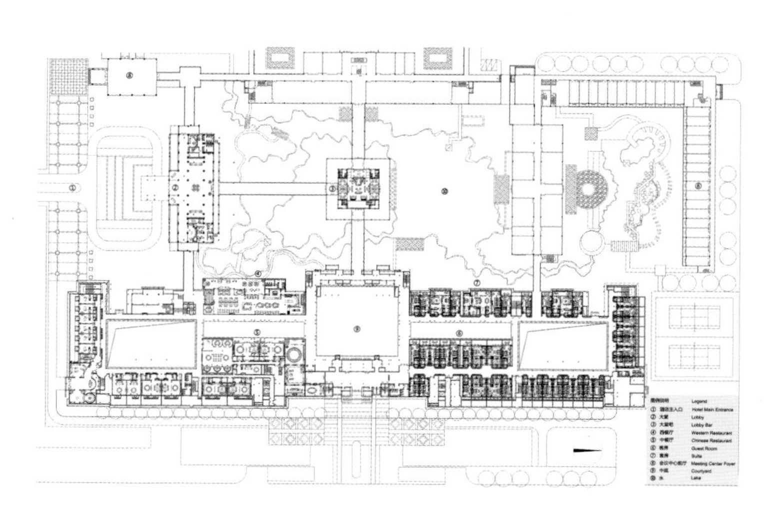

平面布置图

璞丽酒店

Puli Hotel

设计单位：LAYAN DESIGN GROUP、JAYA & ASSOCIATES 室内设计公司

项目地点：上海

酒店的入口处有一小片竹林，在周边还有一些浅浅的水，水边的台子上摆放着中国古典的坛子，绿色的草坪给人一种清新、自然的感觉。

汇聚中国古老元素与现代工艺科技的璞丽酒店使用了通常被用在建筑外墙的上海灰砖作为内部装修建材之一，营造出建筑的特殊美感与功能！大堂旁边，是一个图书馆，很少有酒店会这样设计，那里的灯光让你可以尽情地去享受那种阅读的快乐，并且里面的图书种类也非常的多，让你在旅行或出差的同时，也能享受到安静的阅读空间。

酒店的整体看起来有些奢华，但是很低调；并还兼有内敛雅致的现代触感。

在如此喧嚣的社会都市之中，还有如此的世外桃源酒店，让人惊喜。

在每间客房内部随处可见的龙麟纹木雕屏风与铸铜洗脸台，再度验证了设计师刻意交织古今与中西于一体的设计巧思。璞丽酒店是中国的首家定位为“都会桃源”的奢华酒店。在景观、大堂、楼梯过道、会议室、图书馆的每一个角落，都会有雕刻的图案，来彰显它的中西混搭设计风格。

酒店的空间，也是非常人性化的一个设计。所有都是智能控温的，并且可以由使用的太阳能面板提供一部分酒店所需的自然能源，低辐射、防噪音，并且游泳池区还采用的湿热气回收节能系统。既充分利用了资源，还让入住的任何一位顾客都感受到酒店的独特之处。

香水湾君澜别墅酒店・标准房

Standard Room, Narada Villas, Perfume Bay

设计师：陈亨寰

项目地点：海南三亚市

项目面积：237 平方米

在杭风的建筑语汇里，找寻一串文明中消逝的光斑，依托四散拂面的风、肆意播撒的光，邀约一场亲自然的聚会。廊道、木平台、花池端景、下沉式庭院，每个空间都有故事。一席竹卷帘外，听络绎不绝的自然天籁之音，让身心沉溺于这柔媚婉约的杭派美学之中，空间串起了时间里的断章，承接古典轮廓和时代精神。

首先进入开放式餐厅，左手边开敞式面墙将客厅和户外绿色植物融贯，感受自然气息。依据海南的气候和户外的关系，每一处场景都和自然交叠。在空间序列上，采用没有围墙的开放式设计。阳光、风、雨、日式 spa。空间上的穿透、主轴层次、四面环绕的景色在视角的转换中得到多样化体现。

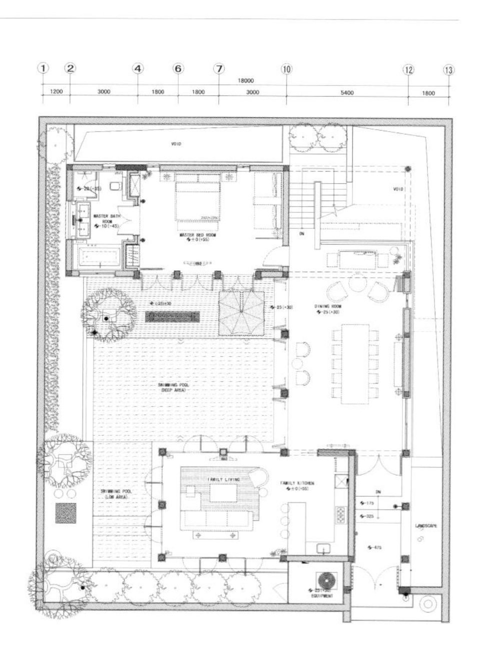

一层平面布置图

使用海南黑、洞石。地域性、本地取材，填洞式处理方式。中国传统家具用材鸡翅木，体现中国文化历史的源远流长。这是给中国人的度假空间，力图打造成“东方的东南亚度假胜地”，整体设计和配饰用料，采用丝、麻、实木、编织席面、缎面抱枕，麻质壁纸。内敛而不失优雅大气，集中演绎中国传统文化和现代休闲居住理念。

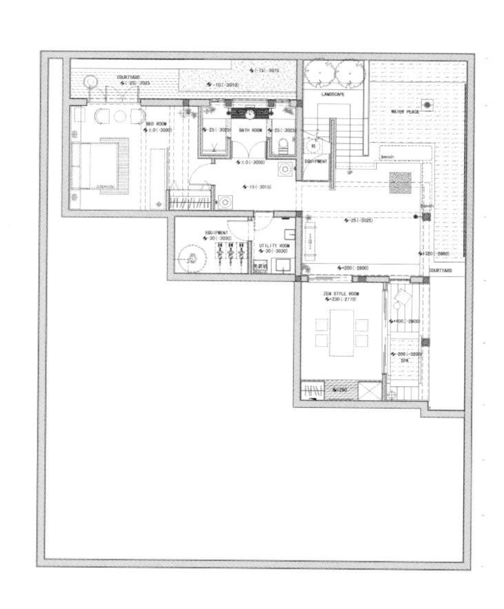
COURTYARD
LANDSCAPE
WATER PLACE
BED ROOM
BATH ROOM
EQUIPMENT
bench
UP
UTILITY ROOM
COURTYARD
ZEN STYLE ROOM
SPA

地下室平面布置图

香水湾君澜别墅酒店·山景房

Mountain View Room, Narada Villas, Perfume Bay

设计师：陈亨寰

项目地点：海南三亚市

项目面积：372 平方米

海南香水君澜度假别墅，是大匀国际空间设计在金达利地产开发下，联合建言建筑、翰翔景观共同完成的一大巨作，也是年度的一大代表作。坐拥海南独有的地理优势，把握时代精神，同时舒展文化脉络。在温润的海南，我们精心打造了一个中国人自己的东南亚度假胜地。

低调、质朴、禅定的杭派美学，逃离城市喧嚣，回归自然，营造出中国人诗意、隐匿的居室环境。以墙院围出别墅院落，保证院落空间高度和私密性；多层次的观景空间及生活轴线，让人体验静谧、尊贵的雅士格调。

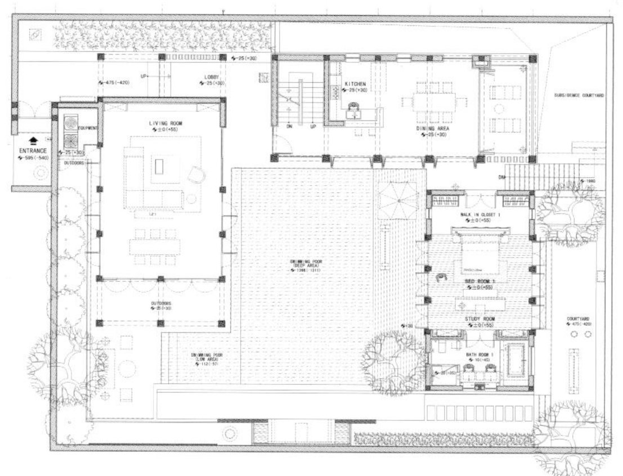

一层平面布置图

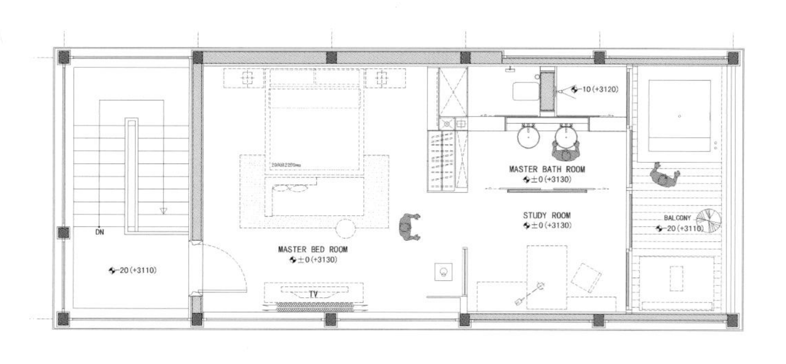
-10 (+3120)
MASTER BATH ROOM
±0 (+3130)
STUDY ROOM
±0 (+3130)
BALCONY
-20 (+3110)
DN
MASTER BED ROOM
±0 (+3130)
-20 (+3110)
TV

二层平面布置图

史記
四庫全書
四庫全書
四庫全書

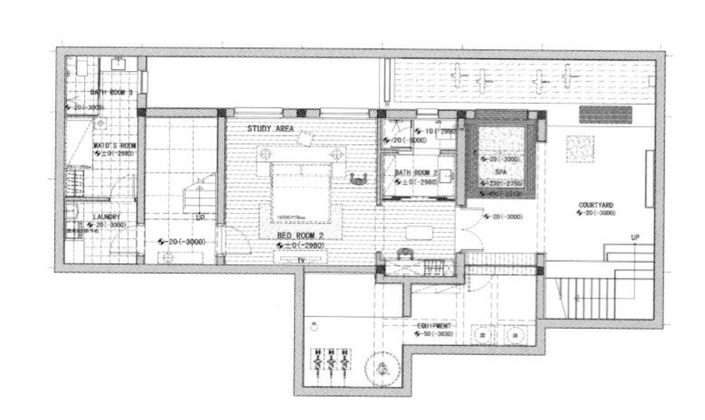
BATH ROOM 3
MAID'S ROOM
LAUNDRY
STUDY AREA
BED ROOM 2
TV
UP
BATH ROOM 2
SPA
COURTYARD
UP
EQUIPMENT

地下室平面布置图

灵山精舍

Lingshan Boutique Hotel

设计单位：HKG GROUP　设计师：陆嵘

项目地点：江苏无锡
项目面积：9800 平方米
主要材料：竹、实木、青砖、竹编藤编、墙纸、青灰色凿毛石材、木地板、鹅卵石、图案地毯、透光膜

无锡灵山精舍坐落于无锡灵山胜境内，毗邻灵山大佛，总体建筑规模大约 1 万平方米，拥有九十间左右客房，掩映在一片安静的竹林之中。来这里，客人们可以安下心来修身养性、体悟禅境并参加精舍里提供的各项与参禅相关的活动。在精舍的室内设计中，设计师以竹为母题，传承佛陀千年前在印度竹林精舍时的意境。一入大堂，木质的带有风化感的条形格栅天顶、旧铜打造的前台，还有竹子做的几盏大吊灯让人的心一下子就沉静下来。朴素的客房，简单但也很精巧，透过细密的竹帘，目光可以穿越到窗后禅意的小院子里。禅堂素雅，竹子的顶棚，竹子的天灯都照应着向禅的心灵回归自然无我。茶室里的家具简约但也渗透出禅境，让客人更好地在参茶的过程中调节心境。这所精致 Resort 正以“禅”为主题，提供客人“禅”的教诲，“禅”的感悟，“禅”的意和境。

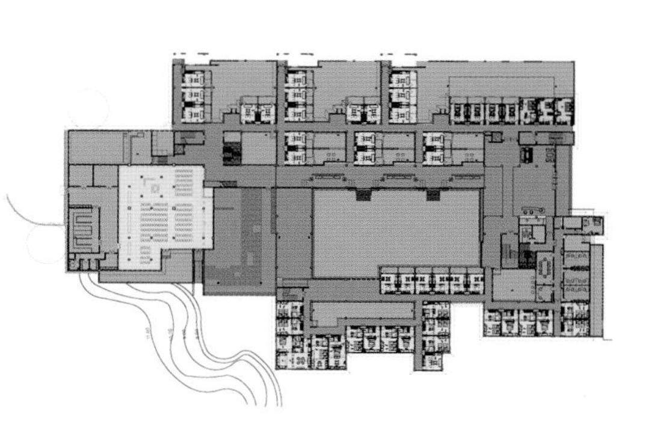

一层平面布置图

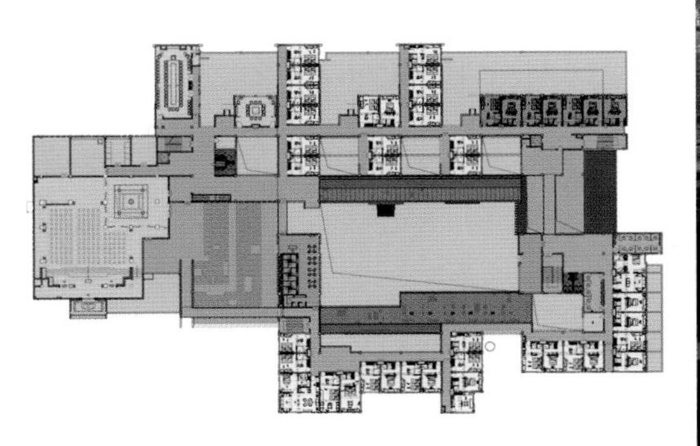

二层平面布置图

古象温泉度假酒店

Howard Johnson Resort Hotel

设计单位：深圳市朗联设计顾问有限公司　设计师：秦岳明

项目地点：广西象州

项目面积：25000 平方米

主要材料：法国木纹石、金玛丽石材、石材马赛克、仿旧银箔、橡木洗色、编织木

古象温泉度假酒店是设计师从总体规划开始，规划、建筑、室内一气呵成的作品，手法统一连贯，由内而外的每个空间都经过推敲与斟酌。整体设计围绕“天人合一”的中国传统哲学思想展开，灵感来源于中国传统民间建筑并重新演绎，并与当地山景自然起伏结合。同时在建筑及室内的建造中都采用了大量当地的材料和营造方式，把当地的“团云”、“秀水”、“奇木”等自然景观以抽象的形式剥离出来并运用于不同的室内外空间，形成空间内外的相应成趣与阴阳和谐。手法温和细腻，带给客人以舒适自然的休闲体验和自然情趣。

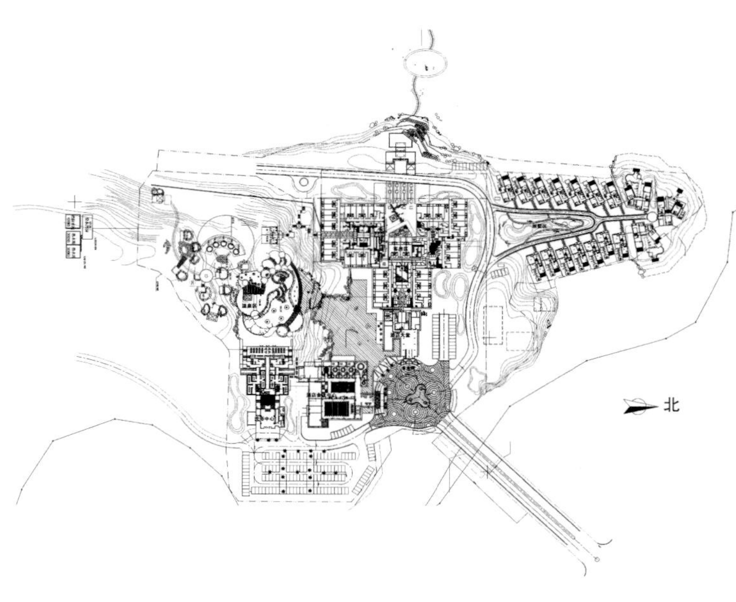

平面布置图

南海卡森博鳌亚洲湾酒店

Carson of Boao in South China, Asia Bay

设计师：曾莹

项目地点：海南琼海市

项目面积：16000 平方米

主要材料：梵高金、铁锈板、藤编织

水泛银波、星点白屋、渔歌起落构成海南博鳌休闲雅致的海岸景观。

运用现代手法演绎充满亚洲风情的酒店空间，集美组承担的整体室内设计力求保留原建筑所强调的纯净空间之美。注重留白，关注细节，从宗教、传统建筑、人文自然等获取灵感。经过推敲寻找其中的精辟与韵味，提炼出粹色、简形、臻意、朴质等元素。

香水湾君澜

Narada, Perfume Bay

设计师：梁景华

项目地点：海南三亚市

项目面积：1000000 平方米

最大特色是透过天堂鸟花，展示一种高尚之品味酒店。天堂鸟花的外型是一种自由写意的象征，非常吻合酒店形象之特色，反映度假酒店的奢华格调，营造宁静舒适的天然环境。本案是被四周的天然环境包围之世外天堂，坐拥 360 度亚热带的迷人海滩，设计融入自然环境，营造低调奢华之私人度假胜地。

空间布局以围绕自然景观，采用当地之纯天然材料，却制造一份优雅、惬意及舒适之宁静角度，私人度假空间可饱览无遗海湾风景，餐饮及水疗区细心分布，与及雅致的会议室，都追求一份天然之美。

采用当地纯天然材料，制造一份优雅的环境。如椰子壳制成的客房床头架，火山石的装潢，互相呼应。纯天然木材， 制造一份宁静的气氛，时间像停顿似的，让客人随意享受独有的度假体验。

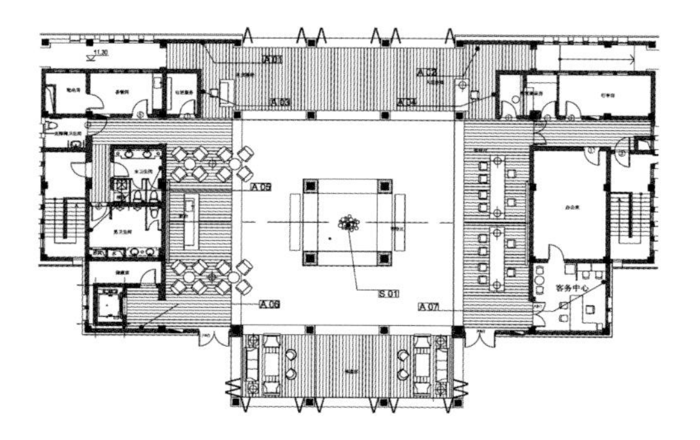

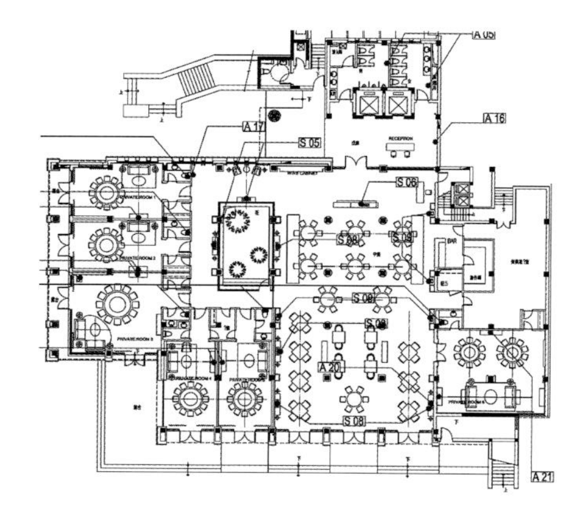

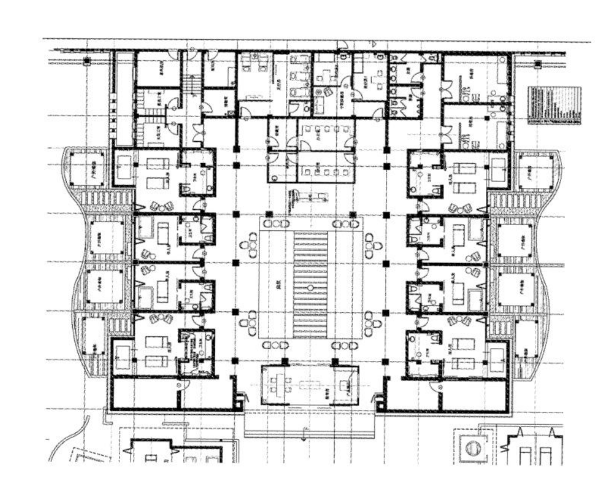

一层平面布置图

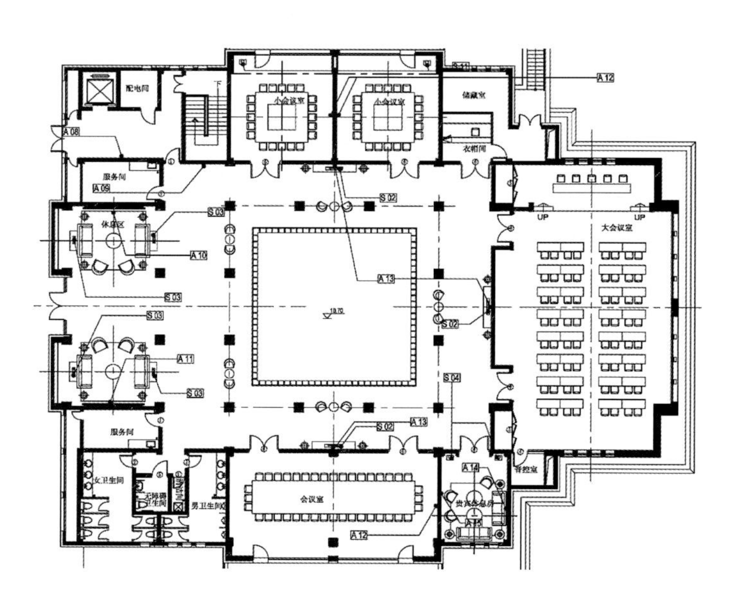
A 12
配电间
小会议室
小会议室
储藏室
A 08
衣帽间
服务间
A 09
S 02
S 03
休息区
UP
UP
大会议室
A 10
A 13
S 03
S 03
S 02
A 11
S 03
S 04
服务间
S 02
A 13
A 14
音控室
女卫生间
无障碍卫生间
男卫生间
会议室
贵宾休息厅
A 12

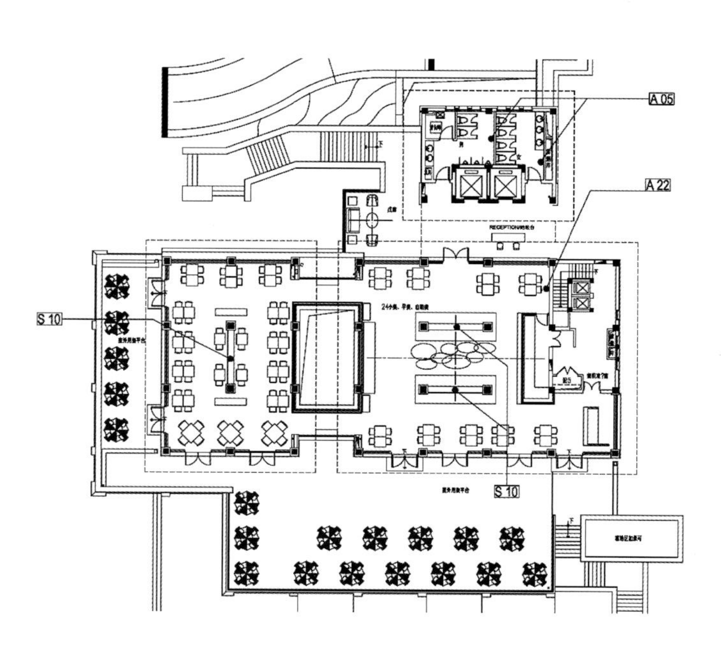
A 05
A 22
RECEPTION/服务台
S 10
S 10

二层平面布置图

卓美亚喜玛拉雅酒店

Jumeirah Himalayas Hotel

设计师：矶崎新

项目地点：上海浦东新区
项目面积：164549 平方米
主要材料：混凝土、挤塑聚苯板、
铝合金玻璃

上海卓美亚喜玛拉雅酒店隶属的喜玛拉雅中心是上海一座新兴的艺术文化中心，囊括了 1100 座的大观舞台、喜玛拉雅美术馆、大型购物商场以及 5000 平方米的屋顶花园。

喜玛拉雅中心的两幢大楼由 7 层楼高的文字字符包围，由黄帝时期的“造字圣人”仓颉创造。它是对古老的文字和中国文化历史的抽象演绎，也是对当代科技的礼赞。酒店外立面灯光设计灵感源于抽象派先驱蒙德里安的直线之美，脱离自然的外在形式，直入精神世界，创造现秩序与均衡之美。灯光色彩特别由古书中挑选「中国色」，画面构成运用灯光科技展现全新律动。酒店大堂天花板正内嵌 260 平方米巨型 LED 屏幕，为上海最大室内屏幕。每天将播放多媒体动画展现天空变幻之美，让每位进入卓美亚喜玛拉雅酒店的宾客体会到浓郁的艺术氛围。

酒店大堂内图镶嵌由唐代书法大师怀素书写的千字文。《千字文》最早应梁武帝要求创作，由 250 个四言短句组成，千字长诗，首尾连贯，音韵谐美，内容有条不紊的介绍了天文、自然、修身养性、人伦道德、地理、历史、农耕、祭祀、园艺、饮食起居等各个方面。

三江半岛大酒店

Rivers ' Peninsula Hotel

设计师：曾帜辉

项目地点：云南临沧

项目面积：29000 平方米

云南属于亚热带气候，但海拔比较高，室温不会太高。所以我们采用了东南亚的设计风格，并且将公共区域的墙全部做成转轴门。这样第一可以将户外的风景借入室内，第二可以加强空气的流通（这样公共区域可以不做空调）。

项目的空间布局设计，我们考虑尽量使各个功能区间不会产生太大的影响。所以我们将客房放在主楼，水疗、KTV 等娱乐空间放在左侧的附楼，餐饮、宴会设在右侧的附楼。由于当地气候环境问题，我们尽量采用不会变形的材料。如：大理石，砂岩，竹编，草编等。

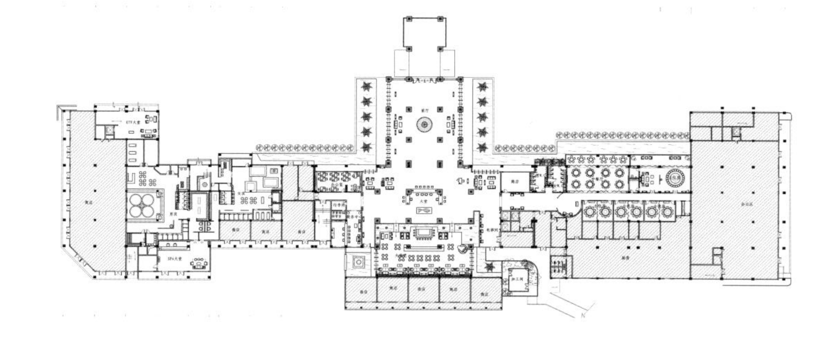

平面布置图

阳光国际大酒店

Sunshine International Plaza Hotel

设计师：舒剑平

项目地点：陕西西安市

项目面积：18250 平方米

西安阳光国际大酒店地处历史文化名城西安，古时称长安，又是古代丝绸之路的起点，于是乎我们于大堂入口地面以红色大理石铺地，通向远处富丽堂皇的堂吧，寓意通过丝绸之路，走向中华文明的辉煌。

整个大堂的高潮部分为共享空间所处位置的大堂吧，考虑与入口雨蓬相呼应，在主入口中轴线位置设置一幅巨大的花格月洞门，透过月洞门及花格，一幅巨幅唐代卷轴画展现在眼前，使人感受远唐的文明，水面漂浮的一块发光体演奏台于空间中显得如此宁静悠远……

整个堂吧休息区围绕着一池深水展开，池边为雕花宫灯，悠悠的灯火和散发出淡淡幽香的熏炉，使人心境不由地沉静下来，落座后不由地细细品位其历史文化氛围。

大堂步行楼梯，墙面的琉璃瓦当等不时散发出绚丽的色彩；活字印刷雕版的肌理墙面，昭示中国古代的伟大发明，即使是风口，也是以汉代服饰花边的龙纹边形式来装饰。

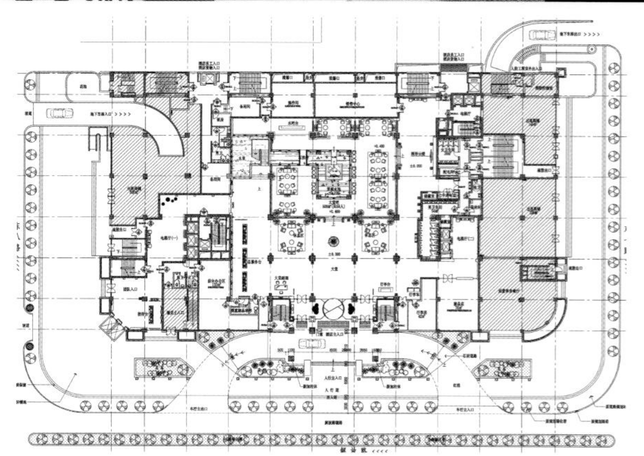

一层平面布置图

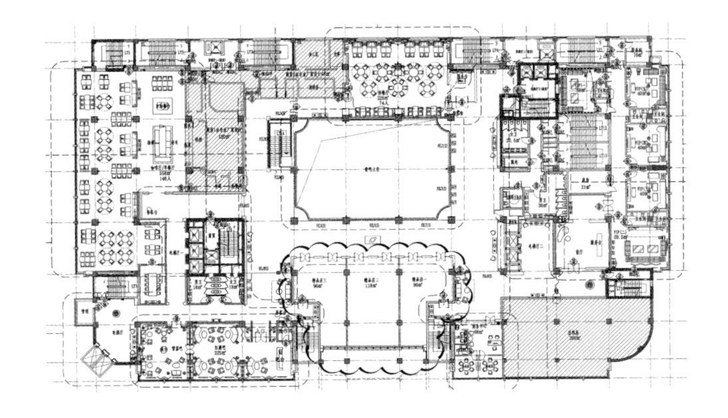

二层平面布置图

中亚美爵酒店

Grand Mercure Shanghai Zhongya Hotel

设计师：梁永雄

项目地点：上海闸北区

项目面积：28000 平方米

上海中亚美爵酒店位于城市中心，处于嘉里不夜城商业区的核心位置，毗邻上海火车站。上海中亚美爵酒店内设有豪华精致客房及主体套房，设计别具一格，完美揉合了现代时尚的独特韵味，为宾客提供清新优雅的环境和 24 小时的个性化贴心管家式服务。

酒店设计风格时尚典雅，以法国式的高雅和品味为准则，坚持华贵、优质的设计路线，揉和了上海小资情调和历史感。在设计选材方面，本案注重材料的质感和合理运用材料以达到高层次的设计效果。

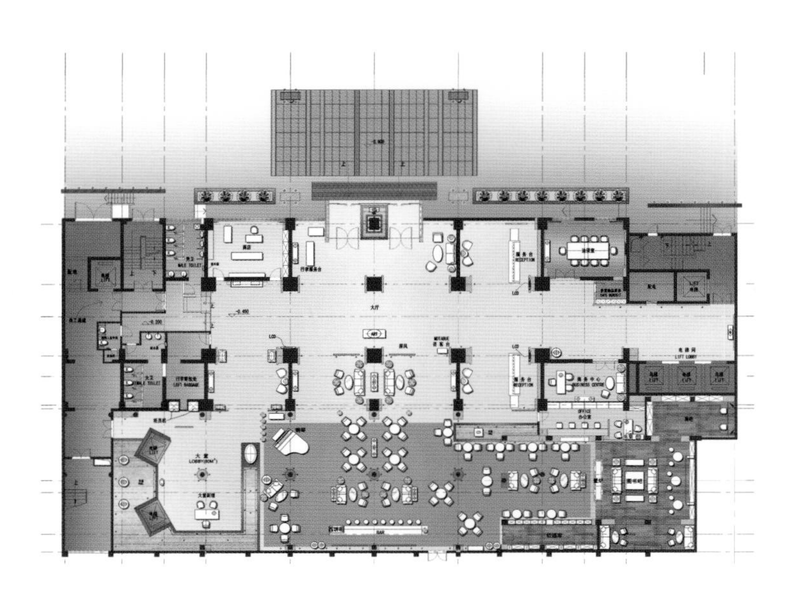

平面布置图

Condiment

ED 室内照明电源驱动技术研讨会
2010年11月8日 中国·上海
POWER
AVNET
LED室内照明驱动技术研讨会
深圳·中山·厦门·宁波·香港·上海·北京·成都

Welcome

南湖旅游中心酒店

Nanhu Lake Tourist Centre Hotels

设计师：陈萍

项目地点：广东广州

项目面积：1200 平方米

将现代主义的设计原则向东方的传统发生相互影响，部分通过观察，部分通过直觉——来创造一种“合”的意境。

现代（中西方的“合”）：我们的设计是现代的，一种经过传统过滤的现代，主要体现在工艺上。东方（天人之“合”）：对于东方我们有着特殊的理解，其中包含精神层面和地域特性，从精神层面上说，空间尺度是我们“斤斤计较”的，轮廓及室内线条都充满东方韵味。从地域特性来说，空间感十足，“南方”：它立于南湖之畔，气韵统一，气势浑然。环境与环保（人与自然的“合”）：设计秉承对环境的绝对尊重，无论基于对令人惊叹的基地的考量，还是为节省成本，以及求得与环境统一，各种技术工艺都是为可持续发展而设计。

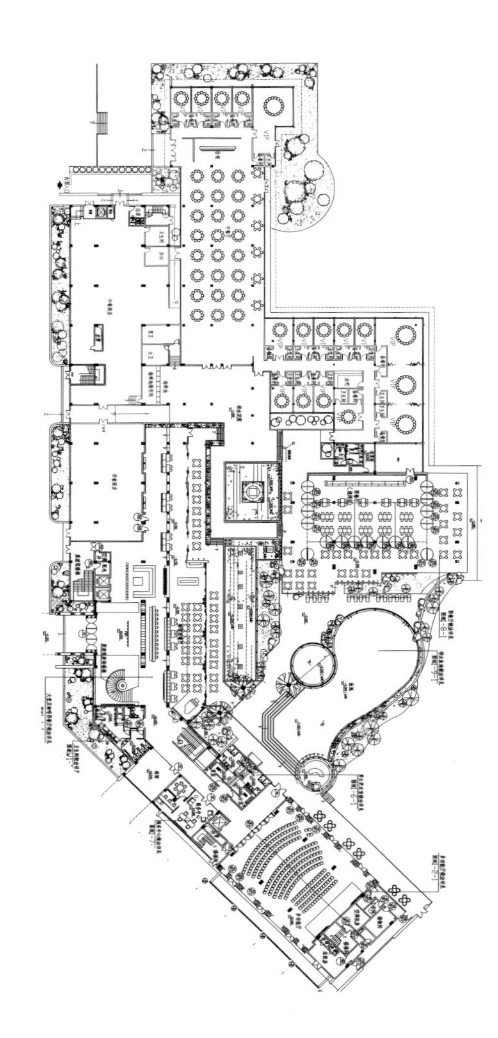

一层平面布置图

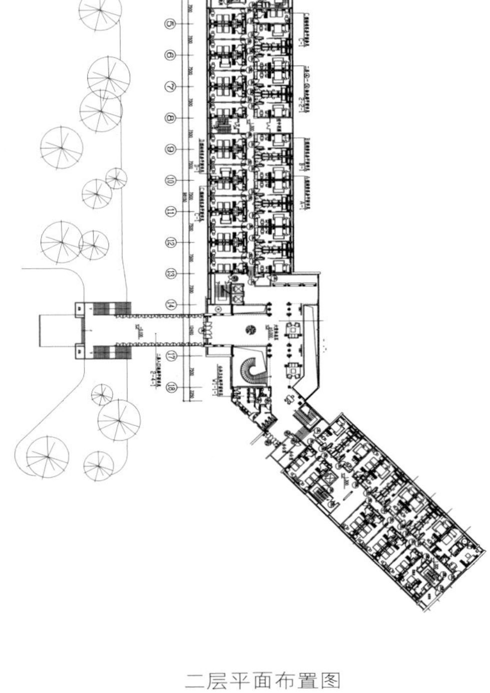

二层平面布置图

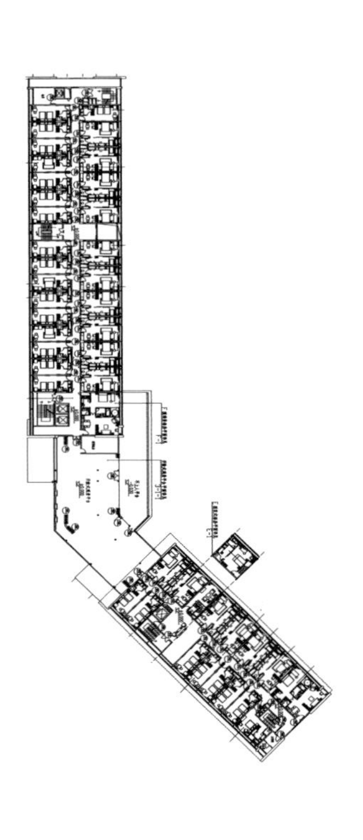

三层平面布置图

小南湖凯莱度假酒店

Gloria Resort Hotel

设计师：贺光宇

项目地点：江苏徐州市

项目面积：12000 平方米

项目地块位于徐州人都喜欢的小南湖公园，规划及景观做得好，湖水被有意而为的几个水湾引入建筑的深处。

主要界面全部向水湾展开，形成亲水的建筑形态，与环境很自然美好地契合；建筑空间精巧细腻，层次富于变化，体量和尺度掌控恰当；这里与城市的距离刚刚好，风景是城市中没有的。客人在室内休憩、就餐、凭窗感受自然景致，赏心悦目，心性怡然。

气质是江南韵味，形式一定是有新意的——将园林风情中提炼出的自然神韵运用到室内空间布局中，形成清晰的室内外空间的界面，限定出室内和室外空间的距离感；在徐州的酒店里面还没有像凯莱这样自然条件好的，所以对客人自然有不一样的吸引力。

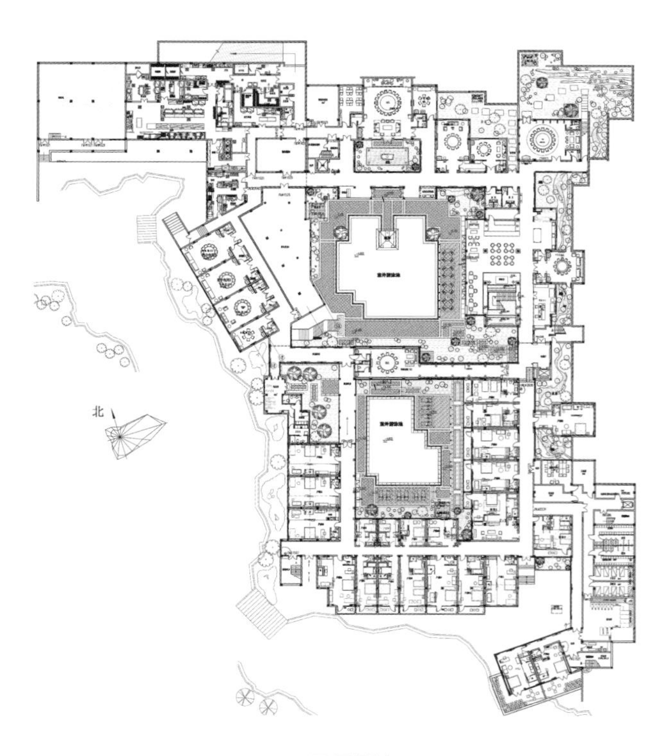

一层平面布置图

二层平面布置图

布衣客栈

Folk Inn

设计师：李奇

项目地点：四川成都市

项目面积：18000 平方米

布衣客栈作为巴国布衣旗下酒店品牌，延续了一贯的四川本土元素和风格。在以往川剧等本土传统文化为主题的基础上，本店的设计主题定为清新平民的蜀中茶文化的表达。

该店地处高端酒店密集的软件产业园区。在较有限的预算条件下，本案回避了高档材料使用得到的尊贵感，转而寻求质朴的本地材料，来表达一种平静、柔和的闲情，与周边酒店的华丽与喧嚣形成差异。单平方造价被控制在 1800 元 / 平方米以下。

同时借助巴国布衣这一全国知名餐饮品牌。在酒店配套公共空间，着重对餐厅进行设计，通过正宗川菜的帮助来强调本土酒店的蜀风蜀味。酒店所在大楼内部尺度条件很好，我们用了 1.5 个传统标准间的面积来完成一个房间，宽敞的空间进一步降低总体造价。

用单独设计的家具和装置来配合。尽力使其看来简而不陋。

在用材方面，我们实验了许多方案，加工本地产的花岗石。使其尽可能呈现多年使用后的润泽质感。大量使用了实木，并在实木的应用上尽量不使用油漆，而采用有色木蜡做旧。布衣的选择也多用机理明显的天然麻。一部分装饰板也采用稻草压合的 osb 板，不仅出于环保考虑，也出于对田园趣味的执着。

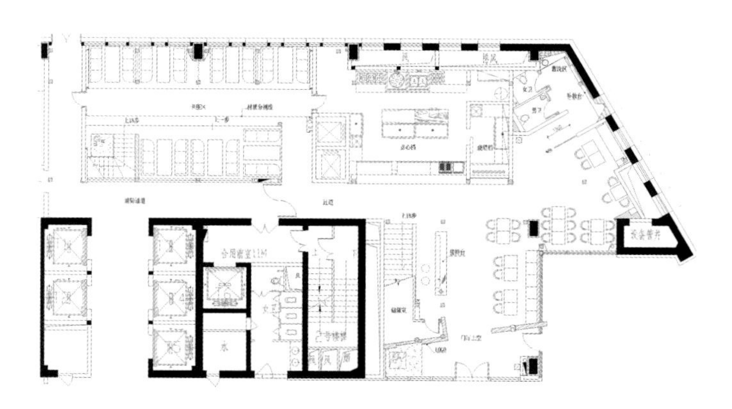

一层平面布置图

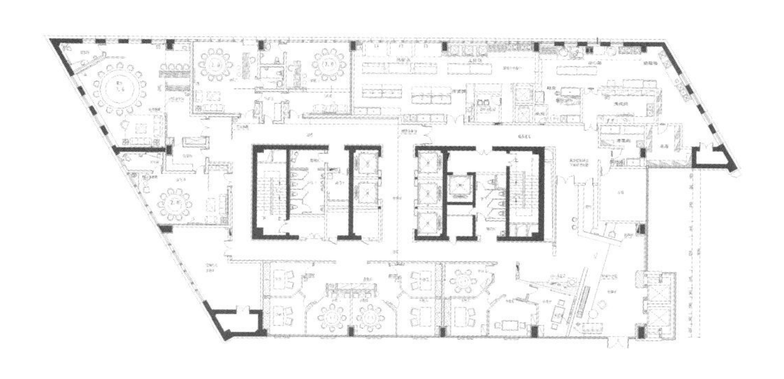

二层平面布置图

EXPRESS

國
窖

香水湾一号

Perfume Bay, Hainan

设计单位：HSD 水平线空间设计　　设计师：琚宾

项目地点：海南

项目面积：94000 平方米

香水湾一号是我们对亲海式度假酒店的研究性项目。建筑的亲海性，以及对自然的尊重，对室内设计原材料的探索，科技性与智能化的融入，都是我们思考和研究的课题。传统建筑形态与构件下的现代室内空间。突出建筑的传统性与室内设计的现代性。

在建筑上运用商周时期的建筑构建与现代室内设计的结合。我们用“海上四合院”来定义香水湾一号。让建筑敞开怀抱融入自然。整个建筑与周边环境海天一色。在这里，左手大海，右手群山，自然于一掌之外。我们提取并保留了中国商周时期的建筑语言，同时对商周青铜器与商周服饰的设计语言重新解读提取，将这些元素运用到室内及家居设计中。材料的使用上，采用古朴自然的木材和石材等天然材料。

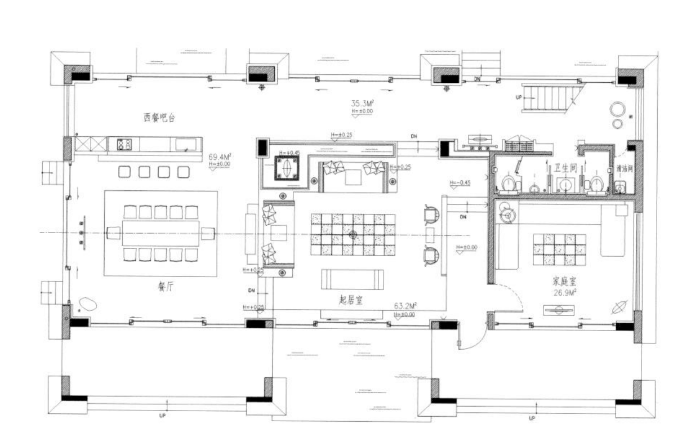

35.3M²
H=±0.00
西餐吧台
69.4M²
H=±0.00
H=±0.25
H=+0.45
H=+0.25
H=-0.45
卫生间
清洁间
DN
UP
餐厅
起居室
63.2M²
H=±0.00
家庭室
26.9M²

一层平面布置图

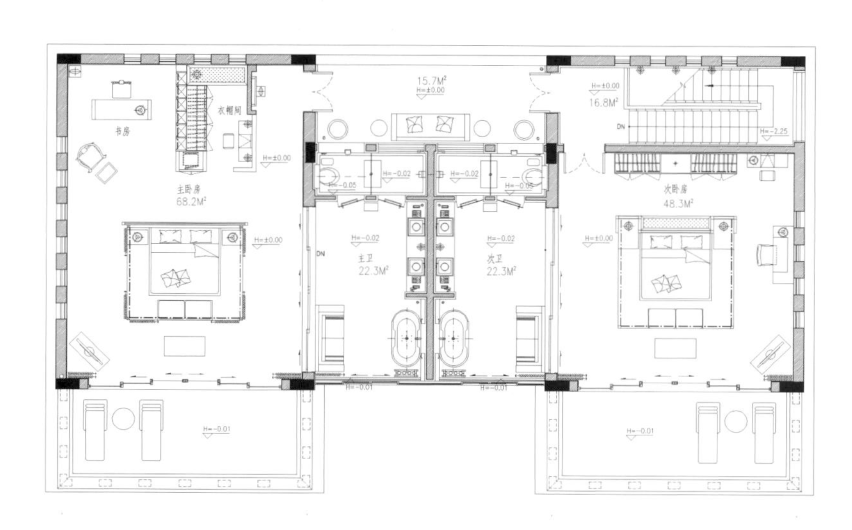
15.7M²
H=±0.00
H=±0.00
16.8M²
衣帽间
书房
DN
H=-2.25
H=±0.00
H=-0.02
H=-0.02
主卧房
68.2M²
次卧房
48.3M²
H=±0.00
H=-0.02
H=-0.02
H=±0.00
DN
主卫
22.3M²
次卫
22.3M²
H=-0.01
H=-0.01
H=-0.01
H=-0.01

二层平面布置图

泛太平洋大酒店

Pan Pacific Hotel, Ningbo

设计师：姜湘岳

项目地点：浙江宁波

项目面积：85000 平方米

该项目由宁波市政府出资、新加坡泛太平洋管理集团管理，属于典型的城市商务酒店，面积较大，功能较全。

设计上除考虑中西文化的结合之外，还兼顾了泛太平洋酒店惯有的气质及宁波当地独特的文化底蕴等多种情感要素。每一个分部空间都因其特殊的性质被赋予了不同的文化精髓，如浪漫神秘的意大利餐厅、通透开敞的自助餐厅、文人山水的中式餐厅等等。东西方文化及众多情感要素在空间中的融合均采用优雅主义的方式进行展现。

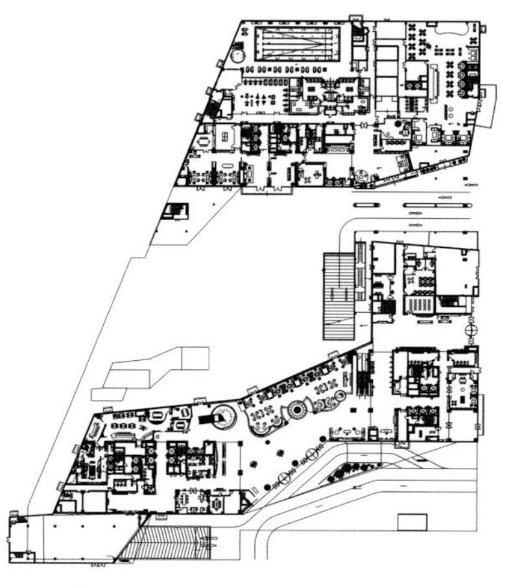

平面布置图

朔城宾馆

Shuocheng Hotel

设计师：张震斌

项目地点：山西朔州市

项目面积：8900 平方米

朔城宾馆是一个集餐饮与住宿的五星酒店，地址位于朔州市区政府院内，为此酒店具有一定的行政意味，低调奢华的享受，轻松愉悦的就餐以及惬意舒服的住宿环境是本酒店的宗旨目标，也是设计师设计的最终目标。项目结合了当代星级酒店的标准，在功能空间与流线的划分上，注重了通、透、露、半隐藏的形式来烘托整个酒店的奢华感与私密感。

空间的私密性与功能性更强，人性化的设计与服务，每个空间的活动范围充足但不单调，不管是就餐还是住宿，在空间的设计与布局上都给人一种温馨美好的家的感觉。主色调为暖棕香槟色，中国红的点缀以及纯净的白色空间，给宾客提供了舒适的就餐、入住环境。整体空间格调高雅，庄重，带有东方特有的低调奢华感。餐饮区大面积“白”的的运用，欲给人营造清新、宁静、放松的就餐环境。

此次酒店的餐饮部分以白色为主基调,配合咖啡金色,视觉的冲击力更为明显,就餐氛围更加明快活泼;住宿以深色为主,配合暖色的太阳光色,整体处在一片祥和与宁静中。

在陈设上也运用了东方韵味的铜雕、青铜器、木雕、玉环、藤艺、水墨画等点缀空间,提高了酒店本身的品质感。灯光与照明上的运用也十分讲究,整个酒店空间充满温馨的氛围……

8310-8388>
<8301-8308

天目辉煌温泉度假酒店

Brilliant Resort and Spa

设计师：王崇明

项目地点：江苏溧阳

项目面积：20000 平方米

天目辉煌温泉度假酒店——原本是一座承载着历史记忆和情感寄托的旧工业建筑，经过研究和综合评估，决定将其改造成一座新与旧、传统与时尚、有一定东方文化内涵的温泉度假酒店。让客人细究东方文化底蕴的同时，唤醒传统的记忆，感受岁月印下的痕迹……细细品读历史的变迁。

在整体的设计上，业主希望我们能就地取材，同时要求我们建筑的使用面积要达到最大化。经过对原结构的一系列分析和研究，我们充分利用原有的框架结构进行改造，保留旧建筑的同时还要将新加建的面积增加三倍才可以满足项目的需求，最终我们先以中空庭院式的框架为基础先进行了建筑改造。

整体以文化、休闲、庭院为出发点进行整体旧建筑的改造设计及室内空间规划设计。

考虑到整体建筑内部的自然采光和自然通风，我们在一层设计了大量的海棠花漏窗，二三层中间部位特意设计了中空采光天井。为了减少资源的重复浪费，我们对新加建部分的室内隔墙直接采用了空心砖勾缝喷有色涂料，水电部分做局部造型的处理手法，如此一来房间不但隔音效果好、节约成本还节能环保，独特的设计为追求非凡的体验、高品质生活的消费者提供了一个恬静高雅舒适的度假休闲场所。

在酒店大堂的设计上为了打造鲜明的对比效果，我们通过对东方古典元素在现代装饰风格上的巧妙贯穿，运用材料特有的质感和图案经过提炼后来演绎现代度假酒店的非凡空间。在挖掘东方文化底蕴的同时，颠覆传统。使典雅的空间中每一个景致与角度都充满趣味性。在酒店客房的设计上我们从细节上入手，整个空间通过如原木、竹、藤等材料的运用与对比，手法以简洁为主。材料以最大限度体现设计意图为原则，做到少而精，统一中求变化，营造一种柔和舒畅、高贵时尚的感觉。在色彩的应用上，我们根据格局、空间、功能的不同而有所区分，整体以浅色为主，利用重色对比使格局分明，丰富空间层次；为了突出酒店独特性，业主搜罗大量的古董、艺术品、稀有石雕等摆放在重要的公共区域，使之成为焦点，目的是打造不平凡的美学触觉，让人怦然心动，久久难忘……

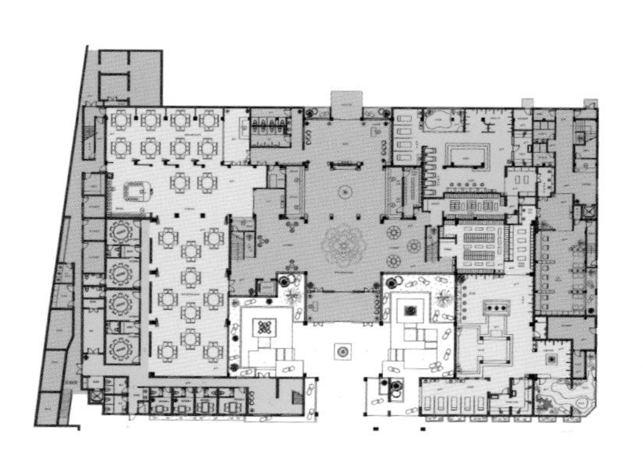

一层平面布置图

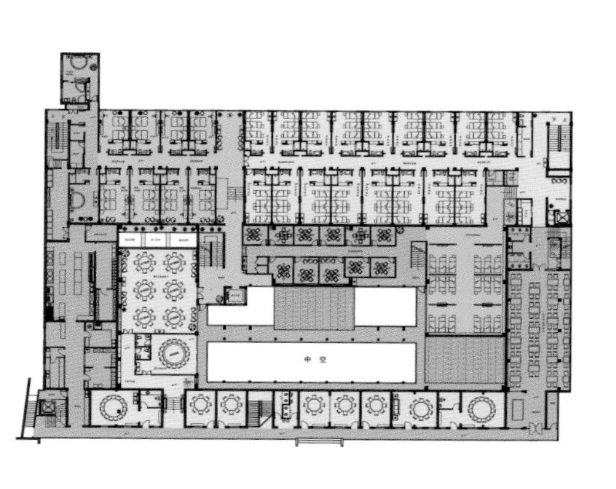

二层平面布置图

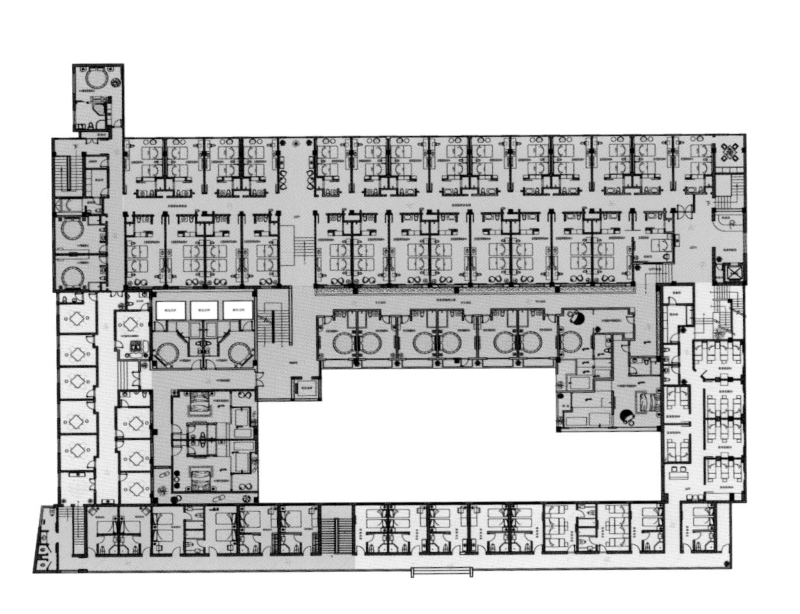

三层平面布置图

太湖能园度假村

Wuxi Taihu Nengyuan Resort

设计师：姜湘岳

项目地点：江苏无锡

本案以自然主义特色贯彻到整个酒店当中，采用现代的设计手法，结合材质及光学手段，营造独具魅力的中式休闲度假酒店。

整体材料一改城市中星级酒店的抛光大理石及辉煌的灯光营造的豪华效果，而是选用自然朴实更贴近人性的原木材料配以地毯、墙纸等材料，营造一个休闲、度假的氛围，让人身心得以放松。

整个酒店采用了大量的木色来体现自然主义的特点，地毯则采用了花卉、树叶等自然的纹样加以点缀，给人一种清新自然的感觉，会让人觉得很放松。在整个空间中穿插了大量的绿色植物，使人置身其中，顿感心旷神怡。大堂木饰面中射灯的安装，使之更加温馨，让空间品味得以提升。

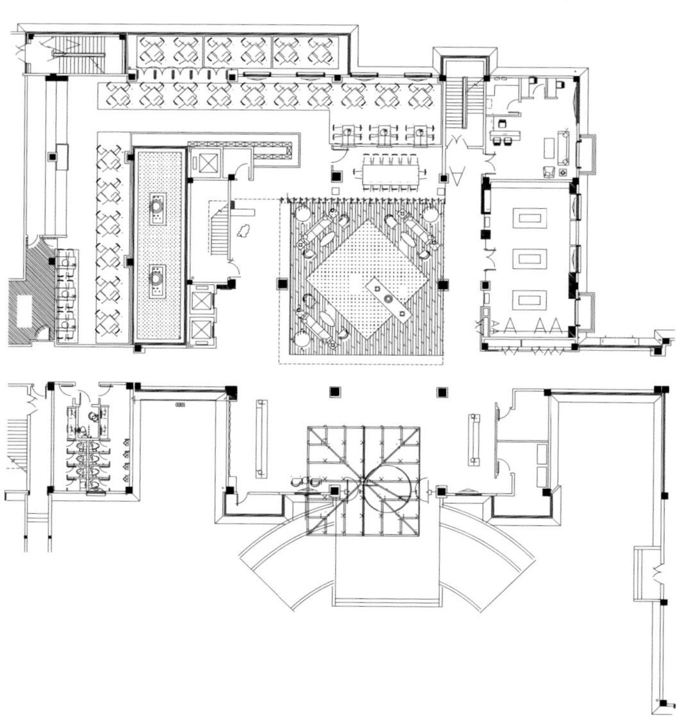

一层平面布置图

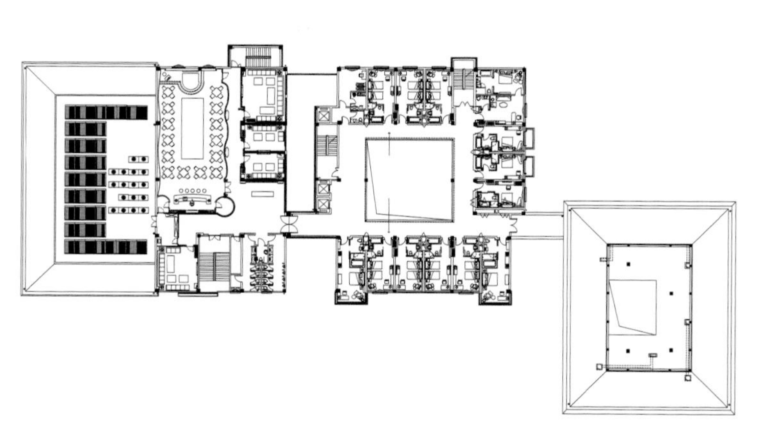

四层平面布置图

束河元年度假别院

First Year Of Shuhe Resort Homes

设计师：王峰

项目地点：云南丽江

项目面积：3000 平方米

束河元年座落于丽江束河。本案设计理念来源于古镇古朴的原风貌，束河元年以“院落生活”为理想蓝本，搭配着富有民俗韵味、古意盎然的家具饰品，许多纳西古民生活与劳作的物件也重新萌生创美力，瓶、箱、笼、凳、椅以各自独有的造型、色彩盛放，呈现出不同的视觉美感。

接待大厅中央纳西风格的立雕顶梁柱体现着古朴的纳西文化以及透露着自然对这片土地上人们的眷顾。纳西木雕作为本案整个室内设计的灵魂线索，从餐饮区室外的连环木雕到接待大堂顶梁柱，从走廊的立柱到客房的横梁，再到房门、号牌等都能看到纳西木雕。为了搭配这一传统精华，所有的装修材料，配饰都以传统经典材质为主。特殊烧制的青条砖、实木、硅藻泥、稻草板、铜艺灯等等，特别是当地的各种自然荒石和老木头更是院子里独一无二的风景。

一层平面布置图

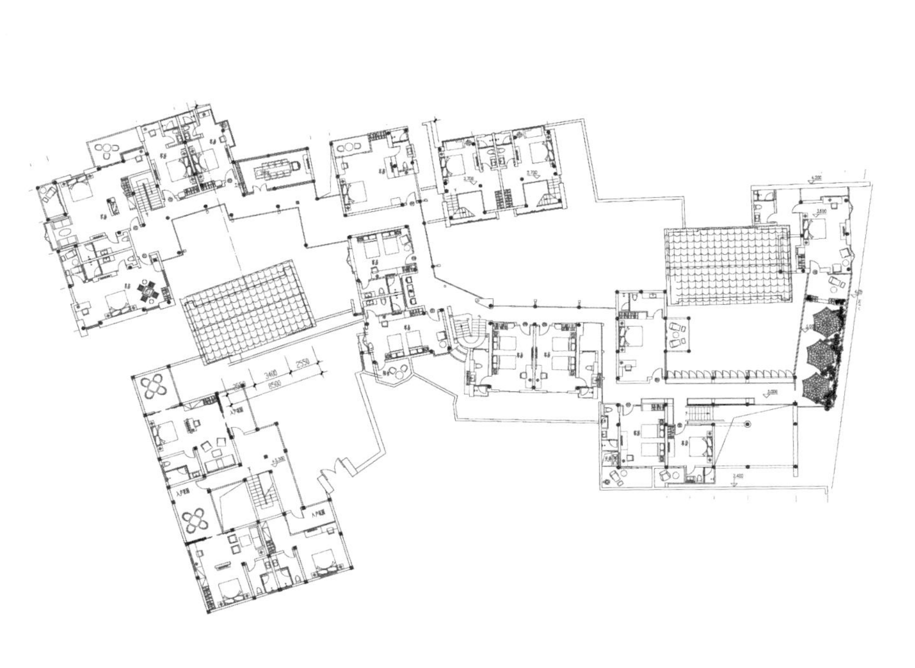

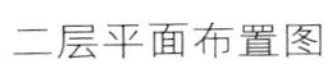

二层平面布置图

仙女山华邦酒店

Winbond Fairy Hill Hotel

设计师：金文斌

项目地点：重庆

项目面积：25000 平方米

经济，社会和环境的平衡，具有商业利益、造福当地社区、高品质产业。

作品在环境风格上，体现当地民族特色，用时尚创新的手法演绎；在空间布局上，采用苏州园林的设计手法，充分利用得天独厚的自然环境，达到园中有林，林中有屋，屋里有景的效果；在设计选材上，从当地取材，让建筑融入自然环境，深入研发传统建筑材料。项目为体验式度假，天然森林氧吧，集休闲、餐饮、水疗、运动于一体。

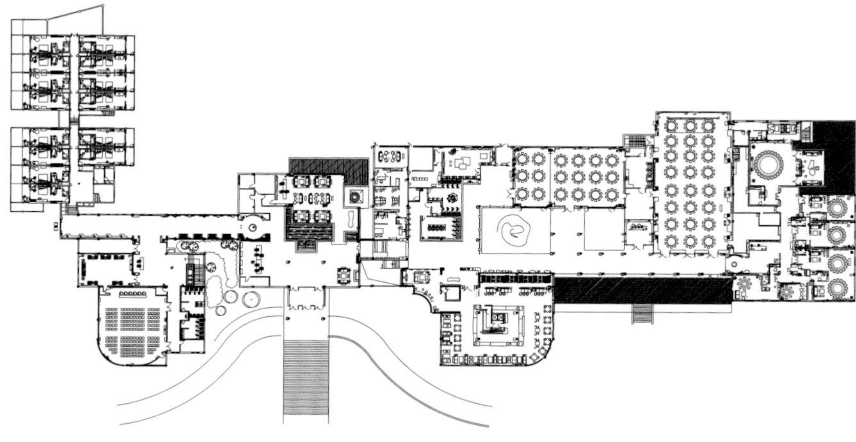

平面布置图

洗药湖酒店

Hotel at Xiyaohu Lake, Nanchang

设计师：马进

项目地点：南昌
项目面积：6000 平方米

梅岭位于南昌市西郊 15 公里处，在江南最大的“飞来峰”上，梅岭西临鄱阳湖，北与庐山对峙，自然风景独特，是开展旅游、休闲、观光、度假的理想目的地。

风景区规划范围约 140 千米，其中以洗药湖避暑山庄为中心，作为串联周边三大景区整体规划的开篇之作。并将原建筑风貌独特的 1、2、3 号楼，从室内外装饰到内部功能整体提升，成为洗药度假酒店一个重要的组成部分。配合梅岭风景区的整体开发战略，把梅岭风景区打造成全国著名的休闲、观光、度假、游览的目的地。从景观到建筑，从建筑到室内，从室内用材到软装选型，都延续一个总体的设计定位：休闲、自然、养生、野趣的度假环境。将休闲度假与东方文化通过艺术的设计手法，巧妙地与自然环境融为一体，达到天人合一的意境……

新亚洲风格，是目前国际建筑界极受推崇的一种理念。它主张以具有浓厚地域特色的传统文化为根基，融入现代西方文化，在更加关注现代生活的舒适性的同时，亦让亚洲优秀传统文化得以传承和发扬。摒弃繁琐，拒绝堆砌，以简约传递真正的品质，这正是新亚洲主义风格的独特魅力所在。

在装饰材料的选择中，均已考虑到将来运营中的耐久性和易于维护性。由采用模数化设计，大量材料易于更换。由于大量采用天然材料，确保了装饰材料的循环再利用性能。部分高科技合成材料具有可降解特性。

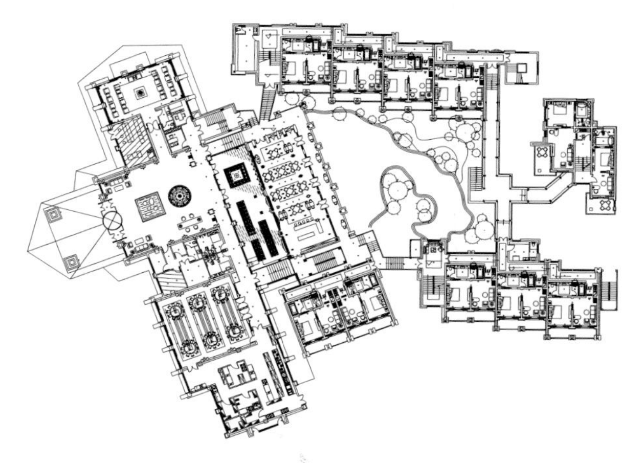

一层平面布置图

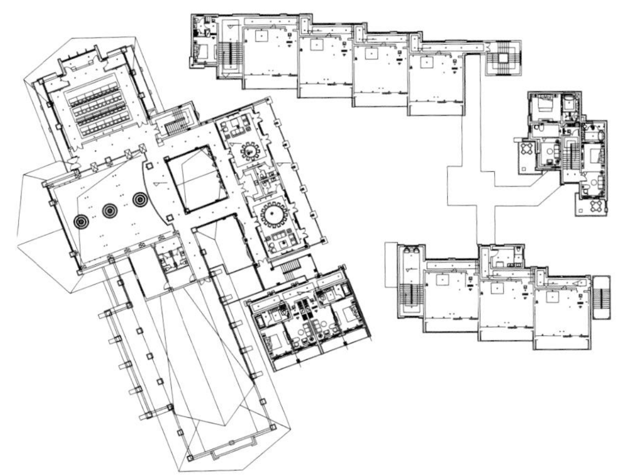

二层平面布置图

玫瑰庄园温泉度假酒店

Rose Manor Resort

设计单位：北京艺诚筑景艺术设计有限责任公司　设计师：梁晨

项目地点：河北廊坊市

项目面积：8000 平方米

酒店突出形式与功能完美统一特点，在设计中我们将精致简约现代风格与中式室内设计有机结合，创造出一种容感性与理性、现代与传统、简约与时尚风格的酒店。

以住宿、会议、娱乐酒店为一体，酒店突出形式与功能完美统一特点。包括迎宾馆、会议中心、温泉会馆及温泉别墅。

芳菲移自越王台最似蔷薇
好并栽秾艳尽怜胜彩绘嘉名谁
赠作玫瑰春藏锦绣风吹拆天染
琼瑶日照开为报朱衣早邀客莫
教零落委苍苔
司直巡官司无诸移到玫瑰花
唐
徐夤

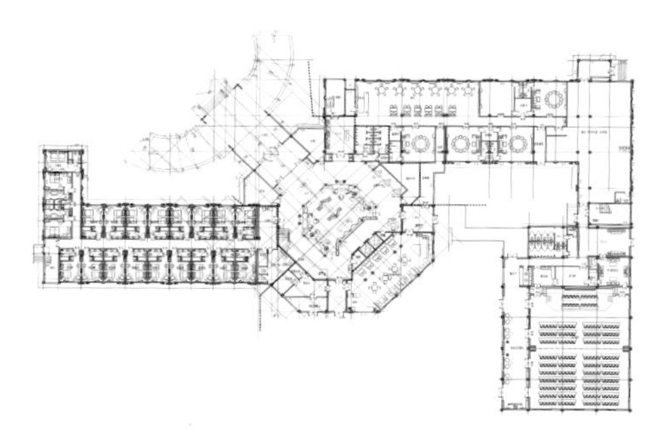

一层平面布置图

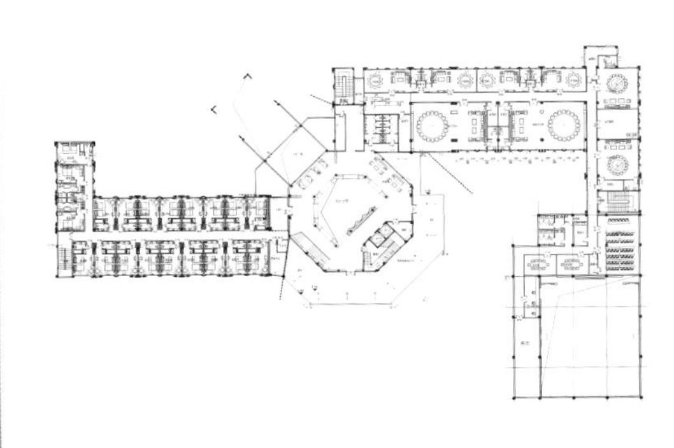

二层平面布置图

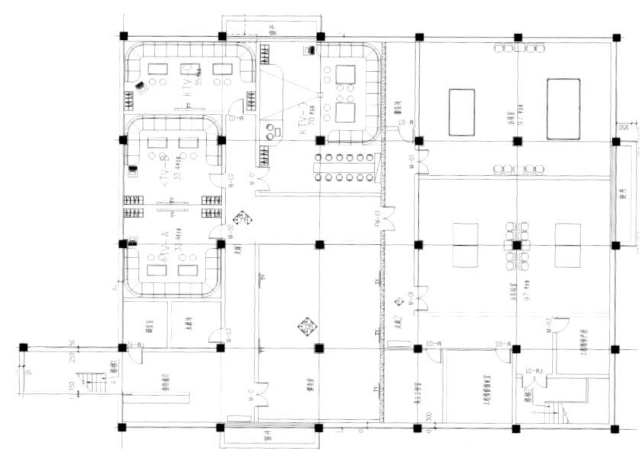

地下室平面布置图

山西平遥特色酒店

Ping Yao Boutique Hotel

设计单位：安东红坊建筑设计咨询（北京）有限公司　设计师：安东

项目地点：山西平遥

项目面积：1200 平方米

主要材料：蒙古黑、砂岩、马来漆、实木格栅、宣纸吊顶

锦宅特色酒店位于中国最古老的的城市之一平遥古城，那里至今仍维系着古香古色的建筑群落，因此每年吸引着大批的中外旅游者参观，锦宅特色酒店主要由两个老院落组成，两个院子在建筑外观上都延续了其传统特色，而在室内设计中恰如其分的融入了新的设计元素，将中国传统文化与现代生活做以巧妙的诠释。

设计思想：对锦宅旧建筑的室内外设计是在充分展现历史风貌的同时，而体现出的一种现代生活方式的设计，在古今结合中寻求出设计的契机。设计师采用极少的设计手法，以其强调古建筑的原有美感。建筑是凝固的时间，它伴随着时间的流逝而越加沧桑，安静而祥和；而院中的竹子确是新生命的开始，跃跃欲试，蓬勃不息。

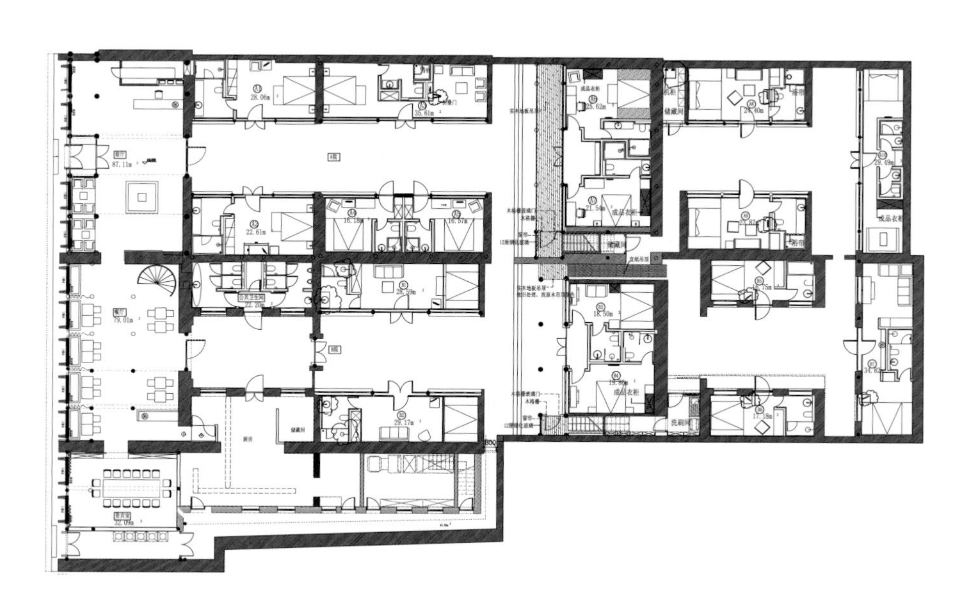

一层平面布置图

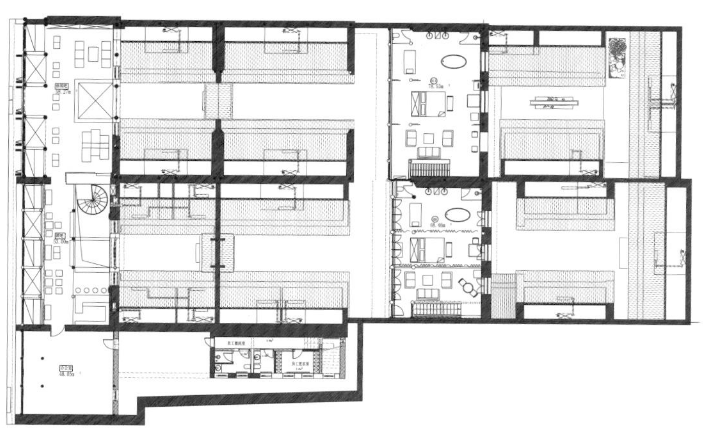

二层平面布置图

安缦法云

A Man Fayun

设计单位：Jaya & Associates、Jaya Ibrahim

项目地点：浙江杭州

项目面积：140000 平方米

主要材料：石材、砖、土木

安缦法云位于西湖西侧的山谷之间，距杭州市中心 20 分钟车程。沿路两旁竹林密布、草木青翠，经过植物园和西湖内部的支流溪涧，便来到天竺寺和天竺古村落。安缦法云即坐落于天竺古村另一侧。这里共有 47 处居所，始建于唐朝，曾为附近茶园村民居住。垣墙周庭，充满自然之趣，宛如传统中国村落的缩影。

安缦法云的接待总台就掩映在绿荫翠竹之中，由此沿一条幽径即可通往度假酒店的主干道——法云径。法云径连接所有客房（庭院住宅）和酒店设施。法云径总长 600 米，通往酒店餐厅、村庄食坊、茶室、精品店和水疗中心。酒店东侧有一条小溪由南而北缓缓流过，它曾经是古村落日常生活的聚集地，村民们在茶园辛勤劳作了一天，日近傍晚便汇集于此，临溪沐浴，闲聊畅谈。

图书在版编目（CIP）数据

中式酒店 / 《典藏新中式》编委会编 . -- 北京：中国林业出版社，2013.10
（典藏新中式）
ISBN 978-7-5038-7182-5

Ⅰ . ①中… Ⅱ . ①典… Ⅲ . ①饭店 – 室内装饰设计
Ⅳ . ① TU247.4

中国版本图书馆 CIP 数据核字 (2013) 第 210713 号

【典藏新中式】——中式酒店

◎ 编委会成员名单
主　　编：贾　刚
编写成员：贾　刚　王　琳　郭　婧　刘　君　贾　濛　李通宇　姚美慧　李晓娟
刘　丹　张　欣　钱　瑾　翟继祥　王与娟　李艳君　温国兴　曾　勇
黄京娜　罗国华　夏　茜　张　敏　滕德会　周英桂　李伟进　梁怡婷
◎ 丛书策划：金堂奖出版中心
◎ 特别鸣谢：思联文化

中国林业出版社 · 建筑与家居出版中心

责任编辑：纪亮 李丝丝
联系电话：010–8322 5283

出版：中国林业出版社
（100009 北京西城区德内大街刘海胡同 7 号）
http://lycb.forestry.gov.cn/
E–mail：cfphz@public.bta.net.cn
电话：（010）8322 5283
发行：中国林业出版社
印刷：北京利丰雅高长城印刷有限公司
版次：2013 年 10 月第 1 版
印次：2015 年 9月第 2次
开本：235mm × 235mm 1/12
印张：16
字数：100 千字
本册定价：218.00 元（全套定价：872.00 元）

鸣谢

因稿件繁多内容多样，书中部分作品无法及时联系到作者，请作者通过编辑部与主编联系获取样书，并在此表示感谢。